Santo Armenia

Galilei y Einstein

Reflexiones sobre la teoría de la relatividad general
La caída libre de los cuerpos
La forma de los cuerpos sólidos

Prefacio de
Attilio Sigona

Traducción de
Filippo Susino

A mi familia: a mi esposa Marinella, a mi hija Gabriella, a mi hijo Pietro y en particular a mi pequeña Marta que tuve que soportar la exuberancia de mis pensamientos al escuchar lo extraño de mis conclusiones. Y pensar que en este mismo periodo justo estaba estudiando la teoría de Einstein.

A Carmelo Vindigni.

Índice

Prefacio	4
Introducción	6
Capítulo I Evolución	7
Capítulo II Premisas	9
Capítulo III Observaciones elementales	12
Capítulo IV Principios de la Física clásica	14
Capítulo V Primera reflexión sobre la teoría de la relatividad general	16
5.1. Acerca del experimento del elevador	17
5.2. Acerca del experimento de la nave espacial	20
Capítulo VI Física ordinaria	23
6.1. Primera modalidad: las dos masas separadamente	27
6.2. Segunda modalidad: las dos masas de forma simultánea	28
Capítulo VII Segunda reflexión sobre la teoría de la relatividad general	34
Capítulo VIII La forma de los cuerpos sólidos	37
8.1. Para la teoría de la relatividad general de Albert Einstein	37
8.2. Para el principio de Galileo Galilei	42
8.3. Para la medición de la masa de los cuerpos	45
Conclusiones	49
Epílogo	52
Anexo A	53
Anexo B	54
Anexo C	56
Agradecimientos	62

Prefacio

de ATTILIO SIGONA[1]

La historia enseña que cualquier novedad e innovación en las reglas y en la vida de los hombres siempre son bienvenidas con escepticismo, a veces incluso con aversión. El cambio de la concepción geocéntrica ptolemaica a la concepción heliocéntrica copernicana fue un verdadero shock para la ciencia y la humanidad, así como para los eruditos bíblicos y la Iglesia. Tampoco fue fácil aceptar la evidencia.

El hombre, sin embargo, no parece poder beneficiarse de experiencias pasadas y continúa oponiéndose persistentemente a los cambios y a las ideas científicas, por un conservadurismo que no siempre es justificable.

Seguí el lanzamiento de este volumen del Ing. Armenia con la humildad de los que no son expertos en física, pero con la creencia de que había elementos teóricos innovadores. En primer lugar, el regreso de la física y la matemática a la esfera filosófica; Un retorno que considero necesario para el futuro de la humanidad.

Además, la profundización de los principios físicos de Galilei sobre la caída de los graves y el estudio de la forma de los cuerpos sólidos, con las consecuencias para la teoría de la relatividad general de Einstein, así como otras implicaciones prácticas (en particular la medición de la masa de cuerpos), sólo puede ser recibido con favor.

Relevante es haber reflexionado, observado, deducido, iniciado la comparación. El autor no se limita a teorizar; traduce sus consideraciones en fórmulas matemáticas y físicas. Con su modestia, no quiere se llamen teorías, sino sólo reflexiones y observaciones.

---

[1]Docente de italiano, latín y griego y director escolar de preparatoria.
    Fue elegido diputado en la 12ª legislatura de la República italiana y
   vicealcalde de la Municipalidad de Pozzallo de 2006 a 2010.

La esperanza es que el mundo científico se dé cuenta de que la confrontación solo puede traer beneficios para todos.
Galilei tuvo que renunciar y terminó en la cárcel. Afortunadamente, estos riesgos no ocurren hoy. La publicación de este volumen es una invitación al diálogo científico y a los estudios que la materia requiere para todas las implicaciones sobre el conocimiento del cosmos y sus leyes físicas.
El Ing. Armenia no se cree ni un descubridor, ni un científico: sobre todo, reflexionó y luego dedujo. Nosotros creemos correctamente.

Introducción

Esta es la segunda edición de una primera nunca publicada, cuyo título tenía que ser:

Galileo Galilei y Albert Einstein.
La caída libre de los cuerpos.
¿Tal vez algo pasó desapercibido?
Reflexiones sobre la teoría de la relatividad general.

Como también se puede comprobar en el video de la iniciativa del 30 de mayo de 2017, informado en el sitio youtube.com/watch?v=6Ri_xAms45M, intitulada Armenia Santo Galilei.

Ahora el título de la obra es el de la portada.

En espera de la publicación del primer borrador, he madurado la nueva parte.

Capítulo I
Evolución

Las ideas innatas de Platón. La fuerza de la opinión pública. La sincronicidad de Jung.... Conocer es recordar....

Mauro, mi sobrino, me invitaba a leer el libro de Fabio Toscano (Sironi Editore): *el físico que vivió dos veces*. Motiva la invitación porque es una biografía acerca del físico ruso Lev Landau, que es el titular de los libros de texto de física sobre los cuales estudió en la universidad de ingeniería de Catania.
Al igual me enriquezco con esta experiencia: la vida del científico por un lado y la capacidad del escritor por el otro.
Mi sobrino me somete a otro libro de Fabio Toscano: *el genio y el caballero*, «Einstein y Ricci Curbastro, el matemático italiano que salvó la teoría de la relatividad general».
Sabía que Einstein utilizó la colaboración de especialistas para la parte matemática de su trabajo; no sabía que lo más importante y decisivo hubiera sido nuestro italiano Gregorio Ricci Curbastro.
Mi sobrino, una vez más, me presenta otro libro, siempre escrito por Fabio Toscano: *La fórmula secreta*: «Tartaglia, Cardano y el duelo matemático que inflamó la Italia del Renacimiento».

"Mauro esto de Tartaglia no logro leerlo". Camino... leo... escucho música... leo... escucho música... camino...
"Mauro esto de Tartaglia no logro leerlo".
Camino... leo... escucho música... caminando tarareo... caminando el pensamiento vaga... camino... leo... escucho música...

"Mauro esto de Tartaglia en este período no lo puedo digerir".
Fantástico... camino... leo... escucho música...
"Mauro, por ahora, Tartaglia puede quedarse donde está.
Tráeme de vuelta, en cambio, el genio y el caballero".
No leo más...
Fantástico... fantástico... ¡reflexiono!... vislumbro... **veo...**

Capítulo II

Premisas

Reflexiones:

a) ¿el postulado tiene su razón de ser en geometría, o también en física? Albert Einstein, cuando los postulados son usados por otros, los define dogmas. Véase, como informado en la pág. 162 del libro *La evolución de la física* (publicado por Universale Bollati Boringhieri), con referencia al "dogma mecanicista".
Einstein, utilizando las transformaciones de Lorentz, construyó su teoría de la relatividad restringida (especial) justo con base a dos postulados:
- el espacio está vacío;
- la luz en el espacio vacío se propaga siempre con la misma velocidad, independientemente del estado de movimiento del cuerpo que la emite.

La teoría de la relatividad restringida de Lorentz (con éter) antes, o de Einstein (sin éter) después, se introducen en el camino-evolución de la física clásica, de la cual son una continuación;

b) una cosa muy diferente es para la teoría de la relatividad general de Einsten.

Esta (la teoría de la relatividad general) se basa solo en los experimentos mentales de Einstein, dejando a los demás la obligación de la verifica experimental para determinar el rechazo.
Albert, constituye esta teoría sobre la presuposición del *Principio de Galileo Galilei sobre la caída libre de los*

cuerpos (véase más adelante: todos los cuerpos sujetos a la misma aceleración de gravedad), fijando la decadencia de su teoría a la eventualidad del fracaso de este principio: ¡con toda su buena intención!
Reflexiono.

Reflexiones: Platón usó el mito de la cueva para ir de la oscuridad hacia la luz; Einstein, de manera consciente o inconsciente, en cambio, lo usó para ir al revés, de la luz a la oscuridad: el observador externo (que conoce el exterior) puede mirar al interior del elevador o de la nave espacial, mientras el observador interno puede mirar solo dentro.

Los hombres de la cueva tenían una visión limitada, justo porque no sabían de la existencia de un mundo externo.

El observador interno (Albert), en cambio, a pesar de saber que existe un mundo externo, se niega en mirarlo.

Informo el *Principio de Galileo Galilei sobre la caída libre de los cuerpos*: «todos los cuerpos están sujetos a la misma aceleración de gravedad».

Galileo, como todos, algo extraño, excluido Einstein, sabía que la aceleración de gravedad no es constante, pero varía en cada punto de la tierra (con la latitud, con la longitud y con la altura) y con el paso del tiempo.

Que, por conveniencia, según el campo de estudio, se le da el valor aproximado de 9.8 es una cuenta.

Que por facilidad didáctica se aproxima la caída libre al movimiento naturalmente acelerado ($g=9.8$ m/sec^2, $s=1/2gt^2$...) a lo largo de la vertical, cuando se sabe perfectamente que este movimiento (relativo a la tierra) de hecho, aunque queriendo considerarlo, de forma aproximada, todavía rectilíneo, es vario porque la aceleración de gravedad es función del inverso del cuadrado de la altura variable de caída durante el movimiento, es completamente diferente.

De manera análoga, una vez más, que por facilidad didáctica se aproxima la composición del movimiento rectilíneo uniforme con el movimiento de caída libre (vertical) a un movimiento parabólico, cuando se sabe perfectamente que este movimiento resultante, estrictamente, no es parabólico, pero es un movimiento vario de difícil descripción, es aún más completamente diferente. Mis reflexiones sobre la teoría de la relatividad general se harán dos veces:

a) la primera, independientemente de la validez del *Principio de Galileo Galilei sobre la caída libre de los cuerpos* (véase la quinta parte), por lo tanto, por otras razones;

b) la segunda justo porque el *Principio de Galileo Galilei sobre la caída de libre de los cuerpos*, considero que puede ser afectado por un error, derivado por la sucesiva ley de gravitación de Isaac Newton, que, especialmente, para Albert hubiera sido necesario averiguar la correcta aplicación de su teoría de la relatividad general (véase la séptima parte).

Desafortunadamente, en vez de proceder con rigor, Albert transforma los modelos aproximados en postulados de la naturaleza, construyendo su teoría de la relatividad general y luego superar la Física clásica.

Capítulo III

Observaciones elementales

Mis reflexiones:

El agua del río nunca es la misma.
El aire que respiramos nunca es el mismo.
Todo se convierte...Panta rei.
La esencia de la naturaleza-universo es imperscrutable.
El imperscrutable no es medible.
La conciencia de la naturaleza-universo (su descripción) es siempre una continua aproximación.

Por lo que se sabe, todos los componentes del universo (satélites, planetas, meteoros, sol, estrellas, cúmulos de galaxias) están en movimiento, precisamente porque están en órbita, por lo que están en vario movimiento.

Estos componentes, junto con cualquier tipo de construcción que el hombre realice, están sujetos a acciones (fuerzas).

De esto se deduce que el reposo y el movimiento rectilíneo uniforme, así como el movimiento rectilíneo uniformemente acelerado, entendidos como conceptos absolutos, no existen en la naturaleza.

Incluso el flujo del tiempo no es uniforme.

El espacio (en tres dimensiones) y el tiempo (una dimensión), incluso si se conciben en un sentido absoluto, según el sentido común, se perciben no como dos entidades separadas, sino como una única entidad de espacio-tiempo de cuatro dimensiones (3 + 1).

El espacio-tiempo, con base al conocimiento que tenemos hoy, no es euclidiano.

El espacio euclidiano es una consciente descripción aproximada del espacio-tiempo.

Tras hacer estas observaciones elementales, reflexiono sobre la Física clásica, con especial referencia a los tres principios de la dinámica, a la ley de la atracción gravitacional universal y a la caída libre de los cuerpos con el principio consecuente de Galileo Galilei.

Capítulo IV
Principios de la Física clásica

Los tres principios de la dinámica:
a) un cuerpo mantiene (conserva) su propio estado de reposo o de movimiento rectilíneo uniforme, hasta que una fuerza no actúa sobre él, modificando este estado de reposo o de movimiento rectilíneo uniforme;
b) si a un cuerpo de masa m_i (masa inercial) aplicamos una fuerza F el cuerpo adquiere una aceleración que vale:

$$a = \frac{F}{m_i};$$

c) a cada acción corresponde una reacción igual y contraria.

La ley de atracción gravitacional universal:

G = constante de gravitación universal;
m_{g1} ; m_{g2} = masas gravitacionales de los cuerpos;
d = distancia entre los cuerpos;

$$F_a = G \frac{m_{g1} m_{g2}}{d^2}$$

= (fuerza de atracción gravitacional).

El *Principio de Galileo Galilei sobre la caída libre de los cuerpos:* «Todos los cuerpos en la tierra, independientemente de la fricción del aire, están sujetos a la misma aceleración de la gravedad». Masa inercial y masa gravitacional son proporcionales entre ellos; con base a las unidades de medida seleccionadas, toman el mismo valor: $m_i = m_g$.

Invito al lector a proceder personalmente con los relativos cálculos; luego los compare con los de cualquier texto de física o de páginas Web.

Conocemos las hipótesis de cálculo para la tierra: esfericidad; densidad constante; Influencia de la gravedad debida a otros cuerpos celestes externos a la tierra (luna, meteoros, sol, estrellas y galaxias). Debemos prescindir sólo de la presencia del aire.

Por conveniencia de la lectura menciono los cálculos que se realizan comúnmente, sobre la base de los cuales se verificará el principio de Galileo, sin distinción entre la masa inercial y la masa gravitacional porque son iguales ($m_i = m_g$).

La igualdad entre la masa inercial y la masa gravitacional ($m_i = m_g$), por último, deriva de la experiencia del físico Loránd Eötvös, con base a la cual originariamente se obtuvo una precisión de 5×10^{-9} y sucesivamente mejorada de 3×10^{-14}.

G = constante de gravitación universal;
M_t = masa de la tierra;
R = radio de la tierra;
h = altura de prueba desde la superficie terrestre;
m_{pi} = masa de prueba i-ésima (gravitacional e inercial);

$$F_{ai} = G \frac{M_t m_{pi}}{(r+h)^2} = \text{(fuerza de atracción gravitacional);}$$

$$g_i = \frac{F_{ai}}{m_{pi}} = G \frac{M_t}{(r+h)^2} = \text{constante(aceleración de gravedad).}$$

De lo que se deduce que la aceleración de la gravedad (g_i) es idéntica para todas las masas de prueba, pero que varía con las variaciones de "h".
Se verifica el principio de Galileo.
Estos cálculos, sin embargo, no son míos.
Mis cálculos los ejecutaré en la sexta parte, en el cuerpo de una posible "Física ordinaria".

Capítulo V

Primera reflexión sobre la teoría de la relatividad general

Esta primera reflexión la haré sin el principio de Galileo sobre la caída libre de los cuerpos. La segunda reflexión, sin embargo, refiriéndose precisamente al principio de Galileo sobre la caída libre de los cuerpos, la haré en la séptima parte.

Como todos sabemos, en la Física clásica no existe el movimiento uniforme absoluto.

El mismo Albert lo reitera, véase pág. 221 de su libro mencionado anteriormente: no entiendo por qué lo olvida cuando hace sus experimentos mentales.

Me voy con él para sus experimentos mentales. Esta vez no estaré escuchando solo sus conclusiones.

Antes de partir, lo primero que hice fue llevar a cabo estudios específicos para conocer más sobre la atracción gravitacional terrestre, a través de una red de monitoreo ubicada en la superficie terrestre, en varias alturas, así como en diferentes momentos.

Esto es para resaltar que estamos en presencia de espacio-tiempo en cuatro dimensiones (latitud, longitud, altura y tiempo).

Los estudios, como ya se conoce bien cualitativamente, han confirmado que la aceleración de la gravedad (precisamente debido a la esfericidad no perfecta de la superficie terrestre; la falta de homogeneidad de la densidad de la masa terrestre; de los movimientos de la tierra; de la influencia en el campo gravitacional terrestre de los cuerpos celestes que conforman el sistema solar, en particular el sol y la luna, ya en el nivel macroscópico en relación con las mareas, a la caída de meteoritos), no es constante sino varía con las coordenadas espaciales y el tiempo.

Los estudios también han dado resultados sobre el principio de Galileo sobre la caída libre de los cuerpos, pero, como se ha dicho antes, hablaré más adelante en la séptima parte.

Además, pido que se traiga todo el equipo científico necesario para verificar experimentalmente cada fenómeno objeto de investigación.

¡Arrancamos!

No me corresponde a mí ilustrar la teoría de la relatividad general con los supuestos en los que se basa. Antes de continuar, el lector podrá hacer cualquier análisis adicional que considere útil.

Por extrema simplicidad, me gustaría señalar que para Albert la validez del principio de Galileo sobre la caída libre de los cuerpos era necesario para poder decir que, durante esta caída, de consecuencia, los cuerpos entre ellos están en reposo (relativo, yo agregaría), por lo tanto, no sujetos a fuerzas: ¡la gravedad desapareció!

5.1 Acerca del experimento del elevador

Recordemos que el experimento se ejecuta asumiendo sólo la falta del aire (de manera análoga a Galileo con su tubito).

Mientras tanto, el mismo Albert no puede dejar de señalar que la validez del punto de vista del observador interno se limita a la duración de la caída libre.

Además de los diversos objetos que trajo Albert (pañuelo, reloj), yo también hice traer dos esferas de oro de pequeño diámetro (por ejemplo, 0,5 decímetros), así como otras dos esferas siempre de oro, pero de diámetros diferentes (por ejemplo, una con diámetro de 0,3 decímetros y la otra con diámetro de 10 decímetros).

Todo esto para poder realizar mediciones precisas, a diferencia de Albert que, en cambio, se basaba solo en su razonamiento, utilizando el principio de Galileo dogmáticamente.

Al elevador está cortado el cable de soporte.
Comienza la caída libre vertical.
No se considera ninguna influencia del elevador en los cuerpos colocados en el interior.

Albert, al observador interno le hace notar que "ninguna fuerza actúa sobre los dos cuerpos (pañuelo y reloj), los cuales permanecen en reposo como si estuvieran en un SC (sistema de coordenadas) inercial".

Albert, no es que estos objetos los vea en reposo, él cree que están en este estado solo porque el principio de Galileo debería ser válido.

Albert el fenómeno de la caída libre de los cuerpos realmente no quiere verlo.

Además, no entiendo por qué Albert le atribuye el carácter de SC (sistema de coordenadas) inercial, cuando sabe que no existe un movimiento uniforme absoluto...olvidémoslo.

La física clásica, sabiendo esto, se refiere a las estrellas fijas.

Un grabado.

Antes de continuar, me gustaría señalar que Fabio, en su libro, con motivo del elevador con un cable cortado, en la pág. 114, escribe "no se están cayendo, sino que flotan frente a ella y perseveran, si ella no los empuja, en su estado de reposo o movimiento rectilíneo uniforme".

Albert, en el libro, en la p. 225, nuevamente con motivo del elevador con un cable cortado, informa "que permanecen en reposo como si estuvieran en un SC inercial".

¿Por qué Fabio también informa "o de movimiento rectilíneo uniforme"?

Puede ser el pensamiento de Albert, informado completo en el libro de Fabio, o que, sin embargo, la convicción además de Fabio, depende de él aclarar esta circunstancia.

Independientemente de los hechos, mi pensamiento es que la posibilidad de un "movimiento rectilíneo uniforme", además del reposo, no puede estar allí.

Continuamos.
En este punto, invité a Albert a rehacer el experimento dos veces con los dos pares de esferas por separado. Concentrémonos en los aspectos que tienen lugar después de que el cable de soporte esté cortado.

Albert, de manera superficial, aunque ahora contara con toda la instrumentación científica necesaria, sin hacer ninguna medición, le dice a su observador interno, que cree que es inercial, que cada par de esferas está en un estado de reposo (al menos ahora podemos observar objetos regulares y no, como lo hizo antes, con el pañuelo y el reloj).

En este punto, antes de realizar las mediciones necesarias, en base a mis reflexiones, señalo a Albert que los dos pares de esferas (consideradas una a la vez: el primer par con el mismo diámetro, el segundo par con los dos diámetros diferentes) no están en reposo relativo (no entiendo por qué Albert nunca lo especifica, ¿o quizás sí? Su observador interno vive en la cueva), porque su distancia mutua, durante la caída libre, debe disminuir, siempre sin considerar el principio de Galileo.

Incluso solo para querer considerar el movimiento de la caída libre (vertical), este movimiento que, por aproximación consciente, consideramos naturalmente acelerado (rectilíneo con aceleración constante), los dos verticales de cada una de las dos esferas (para cada uno de los dos torques tomados en examen), no son dos rectas paralelas, sino dos rectas radiales hacia el centro de la tierra. Por lo tanto, a lo largo del tiempo, durante el cual se produce la caída libre, la distancia mutua de las dos esferas (cuerda) o la longitud del arco de circunferencia (por cada uno de los dos pares de referencia que se formaron con las cuatro esferas) tiende a disminuir. Considerar, en cambio, constante la distancia entre las esferas, implica un error que es directamente proporcional a la altura de caída libre, pero irrelevante de la distancia entre las esferas.

He descuidado deliberadamente el ulterior acercamiento de las dos esferas, para cada uno de los dos torques, debido a la atracción mutua.

Después de estas aclaraciones, Albert aprueba mis reflexiones; juntos realizamos las mediciones que confirman los resultados analíticos.

Salimos del elevador. Nos despedimos.

Dejo a Albert pensativo.

Me hace entender que él entiende lo siguiente.

Se va...a la búsqueda de Galileo y de Isaac...

Murmurando...

Después de cien años, ¿qué necesidad tenía Fabio para escribir su libro?

¿Todavía no le había dado el debido crédito a Ricci Curbastro, por su sistema matemático que usé para mi teoría de la relatividad general?

Podría terminar aquí.

¿Es esta reflexión sobre la teoría de la relatividad general de Albert Einstein suficiente para refutarla?

Poco importa si esto sucedió debido a la inexistencia del principio de Galileo sobre la caída libre de los cuerpos o por cualquier otra razón siempre conectada a ella.

Pero continuo. También porque, independientemente de las consecuencias adicionales sobre la relatividad, debo reflexionar dónde y por qué el principio de Galileo sobre la caída libre de los cuerpos puede verse afectado por un error, como resultado de la sucesiva ley de gravitación de Isaac Newton.

5.2. Acerca del experimento de la nave espacial

Los experimentos mentales son admisibles cuando tienen su propia lógica y coherencia (eliminación del aire; eliminación de fricción; aislamiento térmico).

Realmente no puedo ver lo de esta nave.

Aunque admitiendo este experimento (iniciamos), una vez que llegamos a este espacio remoto del universo (pero lo que significa no está sujeto a ningún campo gravitacional apreciable, obviamente se supone que su ausencia rigurosa no existe porque estamos en el universo ¿Qué hace la nave espacial? ¿Se detiene? ¿Se mueve con movimiento rectilíneo uniforme? ¿Se mueve de movimiento vario? No veo por qué la nave espacial debería ser un sistema inercial.
¡Pero sigamos adelante!
Albert, por dogma, debe dar a la nave el estado inercial: sabe que, de lo contrario, no podría continuar.
Esto solo, una vez más, ¿es suficiente para refutar su teoría de la relatividad general?
¡Pero sigamos adelante!
Mientras que la duración del experimento del ascensor se limita a la caída libre, paradójicamente, el experimento de la nave espacial se convierte en un movimiento perpetuo variado.
¿Esto solo, por enésima vez, es suficiente para refutar su teoría de la relatividad general?
¡Pero sigamos adelante!
La nave espacial está sujeta a una aceleración constante (según su ejemplo 9.8m/sec^2) con movimiento ascendente. Todos los cuerpos dentro de él, que flotaron por primera vez (¿Qué significa eso? ¿Vagaban en un movimiento caótico como los movimientos brownianos? ¿Cómo salen de este caos para ordenarse al siguiente movimiento y en cuánto tiempo?), ahora se mueven con la misma aceleración constante, pero hacia abajo.
Me niego a pensar en el movimiento de los objetos dentro de la nave espacial, desde el momento en que el movimiento comienza con una aceleración constante hasta que llegan al suelo, desde el cual sentirían su peso: me niego porque creo que este movimiento es imposible.
Precisamente porque los cuerpos están sujetos a una aceleración constante, la equivalencia con el campo

gravitacional terrestre que sabemos que es variable no puede existir.
¿Sigue siendo esto solo suficiente para refutar su teoría de la relatividad general?
Cuando la mujer llega al piso, "ya no se siente sin peso", (peso constante) . . . pero puede muy bien "creer estar de vuelta al alcance de género".
Pero como antes, solo para mantener su peso constante, su evaluación es incorrecta. Las dos alternativas no son en absoluto equivalentes.
Creo que no hay principio de equivalencia.
Creo que no hay un sistema inercial (también porque en la naturaleza no veo cómo pueden existir sistemas inerciales), inmerso en un campo gravitacional, que puede ser equivalente a un sistema acelerado en el que no hay un campo gravitacional.
Creo que no hay realmente movimiento acelerado (imaginario), entre otras cosas en la naturaleza no hay ninguno, que nunca puede ser equivalente a un campo de gravitación (real) que siempre es variado.
La teoría de la relatividad general, hasta ahora, ha sido objeto de reflexión independientemente del *Principio de Galileo Galilei sobre la caída libre de los cuerpos.*
Más abajo, en la séptima parte, seguirá siendo el objeto de reflexión específicamente en relación con la validez imposible del *Principio de Galileo Galilei sobre la caída libre de los cuerpos.*

Capítulo VI

Física ordinaria

Estamos en el espacio-tiempo a cuatro dimensiones (3+1), donde todo es orbital, entonces con movimiento variado y con el fluir del tiempo no uniforme.
De este espacio-tiempo, hasta la fecha, no sabemos el principio, y mucho menos podemos conocer el final.
De las Observaciones Elementales deriva lo siguiente.
No hay sistemas de referencia inerciales.
La teoría de la relatividad general de Einstein, por lo tanto, solo por esta razón, pierde su razón de ser.
Todos los componentes del universo están en movimiento variado.
Observo que para la física clásica: la masa inercial y la masa gravitacional son proporcionales entre sí; sobre la base de las unidades de medida elegidas, asumen el mismo valor: $m_i = m_g$.
Albert, en su libro en pág. 46, afirma: «Desde el punto de vista de la Física clásica, la respuesta es: la identidad de las dos masas es accidental y no se le debe dar mayor importancia».
Albert, sin embargo, véase pág. 115 del libro de Fabio, eleva «esta identidad al rango de postulado, del principio supremo de la naturaleza».
Por lo tanto, para él todo debe continuar de acuerdo con este dogma.
Desde mi punto de vista, por lo que la Ciencia nos dice hoy, la materia es una.
¿Por lo tanto, me pregunto si la siguiente redacción puede ser coherente?
Los tres principios de la dinámica:

a) el primer principio podría formularse en dos partes:

- un cuerpo que está vinculado (sujeto a un sistema de fuerza de auto-equilibrio), persevera en su estado relativamente tranquilo (en una visión aproximada) hasta que interviene otra causa externa (fuerza) que modifica este estado de *tranquilidad relativa, para ponerlo en movimiento variado;*
- un cuerpo para ser transportado por los diversos movimientos en un estado de movimiento rectilíneo uniforme (en visión aproximada) durante una parte limitada del espacio-tiempo es necesario que esté sujeto en esa parte limitada del *espacio-tiempo a otra causa externa (fuerza);*

b) el segundo principio podría formularse en: si un cuerpo de masa m aplicamos una fuerza F, el cuerpo adquiere una aceleración que es a = F/m;

c) El tercer principio podría permanecer sin cambios.

Por cada acción corresponde una reacción igual y opuesta.

La ley universal de atracción gravitacional:

G = constante de gravitación universal;
m_1 ; m_2 = masas de los cuerpos;
d = distancia entre los cuerpos;

$$F_a = G \frac{m_1 m_2}{d^2}$$ = (fuerza de atracción gravitacional).

El *Principio de Galileo Galilei sobre la caída libre de los cuerpos*: «Los cuerpos, independientemente de la presencia del aire (en visión aproximada), no están sujetos a la misma aceleración de gravedad, pero cuanto más masivo es el cuerpo menor es tal aceleración.
La validez de mi nueva declaración se demuestra mediante los cálculos analíticos específicos a

continuación, hechos bajo las mismas hipótesis de la Física clásica: esfericidad; densidad constante; influencia de la gravedad debida a otros cuerpos celestes externos a la tierra (luna, meteoros, sol, estrellas y galaxias).
Necesitamos prescindir sólo del atrito del aire.
Señalo que la masa de la tierra (M_t) que genera la fuerza de atracción gravitacional es tal (M_t) cuando se refiere a la superficie terrestre. En este caso, no hay una masa de prueba, separada de la tierra, colocada a cierta altura de la superficie terrestre.
Cuando, en cambio, queremos calcular la fuerza de atracción gravitacional y la consiguiente aceleración de la gravedad a las cuales se somete un cuerpo de masa de prueba i-ésima (m_{pi}), colocado a cierta altura h desde la superficie terrestre, considerando que la masa del cuerpo de prueba ya no forma parte de la masa de la tierra porque, llevado a la altura del punto de prueba, entonces la masa de la tierra que determina la atracción gravitacional en la masa de prueba i-ésima es la restante que es válida:

$$M_{ti} = M_t - m_{pi}.$$

No deducir la masa de prueba (m_{pi}) de la masa de la tierra (M_t) es un grave error, especialmente cuando el principio de Galileo se usa para una nueva teoría, como en el caso de Albert para su teoría de la relatividad general.
Es tan obvio.
Tanto es así que, por la fuerza de atracción universal entre dos cuerpos, como se informó anteriormente:

G = constante de gravitación universal;
m_1; m_2 = masas de los cuerpos;
d = distancia entre los cuerpos;

$$F_{a12} = F_{a21} = G \frac{m_1 m_2}{d^2}$$ = (fuerza de atracción gravitacional)

las dos masas m_1 y m_2 son y deben ser dos masas distintas.

No puede haber la masa de prueba i-ésima (m_{pi}) englobada en la masa de la tierra (M_t), como por error informado en los cálculos de la Física clásica.

La experiencia del físico Loránd Eötvös, con base a la cual ha sido obtenido la igualdad entre masa inercial y masa gravitacional ($m_i = m_g$), está cargado por este mismo error.

Por lo tanto, si yo también distinguiría los dos aspectos de la masa (masa inercial y masa gravitacional), la igualdad $m_i=m_g$ propuesta por Loránd Eötvös ya no existiera (poco importa por cual incidencia), con la consecuencia de la no vigencia del *Principio de Galileo Galilei sobre la caída libre de los cuerpos*, como informado en la Física clásica:

«Todos los cuerpos, en la tierra, prescindiendo de la presencia del aire, están sujetos a la misma aceleración de gravedad».

No más válido el *Principio de Galileo Galilei sobre la caída libre de los cuerpos*, no hace falta decir, por una consecuencia relacionada, que los supuestos de la teoría de la relatividad general de Albert ya no existen.

¡Podría, una vez más, terminar aquí!

Pero como ya he dicho, desde mi punto de vista filosófico, por lo que la Ciencia nos dice hoy, la materia es una (m = masa).

¡Y sigamos adelante!

El siguiente es el cálculo de la fuerza de atracción gravitacional y la consecuente aceleración de gravedad para las dos masas de prueba m_{p1} y m_{p2}.

Asumamos $m_{p1} > m_{p2}$.

Realizo el análisis de dos maneras distintas:
a) la primera considera las dos masas de prueba por separado (este es el único análisis antes realizado);
b) la segunda considerando contemporáneamente las dos masas de prueba.

6.1. Primera modalidad: las dos masas separadamente

a) Primer caso para m_{p1}

G = constante de gravitación universal;
M_t = masa de la tierra;
r = radio de la tierra;
h = altura de prueba de la superficie terrestre;
m_{p1} = primera masa de prueba;
$M_{t1} = M_t - m_{p1}$ = masa de la tierra restante;

$$F_{a1} = G\frac{M_{t1}m_{p1}}{(r+h)^2} = G\frac{(M_t - m_{p1})m_{p1}}{(r+h)^2} =$$

= (fuerza de atracción gravitacional);

$$g_1 = \frac{F_{a1}}{m_{p1}} = G\frac{(M_t - m_{p1})}{(r+h)^2}$$ = aceleración de gravedad.

b) Segundo caso para m_{p2}

G = constante de gravitación universal;
M_t = masa de la tierra;
r = radio de la tierra;
h = altura de prueba de la superficie terrestre;
m_{p2} = segunda masa de prueba;
$M_{t2} = M_t - m_{p2}$ = masa de la tierra restante;

$$F_{a2} = G\frac{M_{t2}m_{p2}}{(r+h)^2} = G\frac{(M_t - m_{p2})m_{p2}}{(r+h)^2} =$$

= (fuerza de atracción gravitacional);

$$g_2 = \frac{F_{a2}}{m_{p2}} = G\frac{(M_t - m_{p2})}{(r+h)^2}$$ = aceleración de gravedad.

De lo que queda claro que las dos aceleraciones de la gravedad (g_1 y g_2) son diferentes (precisamente porque la

masa es diferente de la tierra que permanece con respecto a cada masa de prueba i-ésima).
En particular, como hipótesis, siendo $m_{p1} > m_{p2}$ se deduce que $(M_t - m_{p1}) < (M_t - m_{p2})$.
Por lo tanto, en conclusión, tenemos: $g_1 < g_2$.

Se informa sobre *El Principio de Galileo Galilei sobre la caída libre de los cuerpos*: «Los cuerpos, a pesar de la presencia del aire (en visión aproximada), no están sujetos a la misma aceleración de gravedad, pero cuanto más masivo es el cuerpo menor es tal aceleración».

6.2. Segunda modalidad: las dos masas de forma simultánea

El análisis de la primera modalidad, a solas, es suficiente para la verificación del principio de Galileo y para la implicación en la teoría general de la relatividad de Albert.
También realizo el estudio del segundo modo para completar el análisis.
Preliminarmente hago las siguientes reflexiones, que se muestran en el anexo A.
Considero que tres masas esféricas iguales posicionándolas para que formen un triángulo equilátero.
Mientras que los imanes y las cargas eléctricas pueden ser protegidos, lo mismo no puede ser para las masas.
La gravedad no puede ser blindada.
Vago por el universo sin poder construir el triángulo equilátero.
¿¡Albert, sin embargo, una vez más, habría tenido éxito!?
La Ciencia de hoy nos dice que el universo se originó a partir del "big bang".
Teniendo esto en cuenta, entonces, puedo concebir que antes del "big bang" puede haber tres masas esféricas iguales posicionadas de manera que formen un triángulo equilátero.

De esta manera, por simetría, las tres masas se mueven hacia adentro, cada una a lo largo de su propia bisectriz de referencia: el movimiento cesa cuando las tres esferas se tocan entre sí.
Estas premisas me sirven para resaltar la reacción mutua entre las masas.
Ahora soy consciente de poder analizar la caída libre simultánea de dos cuerpos que tienen masas diferentes ($m_{p1} > m_{p2}$), así como de estudiar el caso particular de las dos masas iguales ($m_{p1} = m_{p2}$).
La confirmación de tener las dos aceleraciones iguales para el caso particular de las dos masas iguales ($m_{p1} = m_{p2}$), será la prueba de la bondad de mi análisis.

c) Tercer caso para $m_{p1} > m_{p2}$ (contemporáneamente)

G = constante de gravitación universal;
M_t = masa de la tierra;
r = radio de la tierra;
h = altura de prueba de la superficie terrestre;
m_{p1} = primera masa de prueba;
m_{p2} = segunda masa de prueba;
$M_{t3} = M_t - m_{p1} - m_{p2}$ = masa de la tierra restante;

Para cálculos analíticos detallados ver el anexo B.
Considero las dos masas de prueba situadas a la distancia recíproca "d".
Se forma el triángulo isósceles ABC, cuyos lados oblicuos AC y BC son los dos segmentos radiales (r + h) y la base AB es el segmento del lado "d".
Si las dos masas fueran iguales, por simetría, es como si tuviera un solo cuerpo de masa $m_{p1} + m_{p2}$ colocado en el punto medio del arco circunferencial que subtiende la base, cuya proyección sobre esta base es el punto H (punto medio).
Por lo tanto, la resultante de las dos fuerzas de atracción que las dos masas ejercen hacia la tierra es a lo largo de la bisectriz de los lados oblicuos (segmento CH).

En el caso general de $m_{p1} > m_{p2}$, es como si tuviera un solo cuerpo de masa $m_{p1} + m_{p2}$ colocado en un punto P del arco circunferencial que subtiende la base; el CP de conexión intersecta esta base en el punto K, que está más cerca de la masa m_{p1}.

Por lo tanto, la resultante de las dos fuerzas de atracción que las dos masas ejercen hacia la tierra está a lo largo del CP de conexión.

De manera similar, la resultante de las dos fuerzas de atracción que la tierra ejerce sobre las dos masas está a lo largo del CP de conexión.

Esta fuerza resultante debe descomponerse en cada uno de los dos componentes para cada masa.

Los cálculos analíticos detallados se realizan en el anexo B, donde también se trata el caso particular de las dos masas alineadas con la tierra.

Por lo tanto, con la excepción del caso particular de las dos masas alineadas con la tierra, por lo tanto, con diferentes de 0°, 180° y 360°, para cuyo estudio particular, véase el anexo B, tenemos:

1) para m_{p1}:

$$F_{a3}(1) = G \frac{M_{t3} \cdot (m_{p1} + m_{p2})}{(r+h)^2} \cdot \frac{\sin(\gamma_2)}{\sin(\gamma)} =$$

= (fuerza de atracción gravitacional);

2) para m_{p2}:

$$F_{a3}(2) = G \frac{M_{t3} \cdot (m_{p1} + m_{p2})}{(r+h)^2} \cdot \frac{\sin(\gamma_1)}{\sin(\gamma)}$$

= (fuerza de atracción gravitacional);

Por lo tanto, las dos aceleraciones valen:

1) para m_{p1}:

$$g_3(1) = \frac{F_{a3}(1)}{m_{p1}}$$ sustituyendo tenemos

$$g_3(1) = G \frac{(M_t - m_{p1} - m_{p2})(m_{p1} + m_{p2})}{(r+h)^2} \cdot \frac{\sin(\gamma_2)}{\sin(\gamma)} \cdot 1/m_{p1}$$

2) para m_{p2}:

$$g_3(2) = \frac{F_{a3}(2)}{m_{p2}}$$ sustituyendo tenemos

$$g_3(2) = G \frac{(M_t - m_{p1} - m_{p2})(m_{p1} + m_{p2})}{(r+h)^2} \cdot \frac{\sin(\gamma_1)}{\sin(\gamma)} \cdot 1/m_{p2}$$

Las dos aceleraciones de gravedad $g_3(1)$ y $g_3(2)$ son diferentes. Es importante destacar que, debido a la acción mutua recíproca, las dos aceleraciones de gravedad $g_3(1)$ y $g_3(2)$ son diferentes, tanto por la deducción de las dos masas de prueba m_{p1} y m_{p2}, como para la dependencia de los valores de los ángulos γ_1 y γ_2.

Solo para el caso particular de $m_{p1} = m_{p2}$, para ser $\gamma_1 = \gamma_2$, entonces las dos aceleraciones $g_3(1)$ y $g_3(2)$ son iguales.

En general, como hipótesis, siendo $m_{p1} > m_{p2}$, a partir de los cálculos analíticos detallados, véase el anexo B, se deduce que:

$$g_3(1) < g_3(2).$$

Esta conclusión es aún más marcada si también consideramos el efecto de la atracción mutua entre m_{p1} y m_{p2}, una contribución que, por lo tanto, para simplificar los cálculos, para estudios de casos generales, los descuidé deliberadamente.

Se informa sobre el *Principio de Galileo Galilei sobre la caída libre de los cuerpos*: «Los cuerpos, a pesar de la presencia del aire (en visión aproximada), no están sujetos a la misma aceleración de gravedad, pero cuanto más masivo es el cuerpo menor es tal aceleración».

Para completar el estudio, señalo que el caso general de cualquier número de masas contemporáneamente, dispuestas (en un solo plano vertical; en muchos planos verticales), puede resolverse como el caso de solo dos masas.

Antes se encuentra el centro de gravedad de todas las masas donde concentran su masa total.

Luego calculamos la resultante de las fuerzas de atracción que las masas ejercen hacia la tierra.

La correspondiente resultante de las fuerzas de atracción que la tierra ejerce sobre las masas debe descomponerse en cada uno de los componentes para cada masa.

Por lo tanto, se considera la primera masa y la constituida por la suma de las masas restantes, el pensamiento aplicado en el baricentro relativo.

Así se encuentran el primer componente y el componente de la resultante de las masas restantes.

De manera repetida se encuentran todos los demás componentes.

De este modo, se pueden calcular las aceleraciones para cada masa.

Desde la comparación de las expresiones obtenidas, que obviamente son todas diferentes entre sí, por analogía, se obtiene para

$$m_{pi} > m_{pi+1},$$

entonces

$$g_3(i) < g_3(i+1).$$

Una vez más, se informa sobre *el Principio de Galileo Galilei sobre la caída libre de los cuerpos*: «Los cuerpos,

independientemente de la presencia del aire (en visión aproximada), no están sujetos a la misma aceleración de gravedad, pero cuanto más masivo es el cuerpo menor es tal aceleración».
No intento estudiar la caída libre dentro de la superficie de la tierra.
Para otros la tarea.
Confirmo intuitivamente mi descripción aproximada: «Los cuerpos, independientemente de la presencia del aire (en visión aproximada), no están sujetos a la misma aceleración de la gravedad, pero cuanto más masivo es el cuerpo menor es tal aceleración».

Capítulo VII

Segunda reflexión sobre la teoría de la relatividad general

En la quinta parte traté la primera reflexión sobre la teoría de la relatividad general. Ahora trato la segunda reflexión, con exclusiva referencia al *Principio de Galileo Galilei sobre la caída libre de los cuerpos*. Como señalé en la sexta parte anterior, este principio: «Todos los cuerpos en la tierra, independientemente de la presencia del aire, están sujetos a la misma aceleración de la gravedad» se ve afectado por un grave error.

Además, como ya he señalado en la segunda parte, reproduzco lo siguiente:

a) la aceleración de gravedad no es constante, sino que varía en cada punto de la tierra (con latitud, longitud y altura) y con el paso del tiempo;
b) el principio de Galileo no contempla la constancia de la aceleración de gravedad (constancia agregada, arbitrariamente, por Albert, pero que la Física clásica utiliza sólo con fines didácticos);
c) al examinar la caída libre, Galileo no ha establecido ninguna condición restrictiva con respecto a la posición mutua de los cuerpos (por lo tanto, para cualquier valor de γ, véase el anexo B).

La teoría de la relatividad general de Einstein, que en cualquier caso ya ha sido objeto de mis reflexiones por otras razones, es ahora por segunda vez porque ya no presupone la validez del *Principio de Galileo Galilei sobre la caída libre de los cuerpos*.

La cueva ha sido eliminada.
Solo un observador que observa la caída libre de los cuerpos, tanto desde el punto de vista externo como desde el punto de vista interno, observa un fenómeno único: la caída libre de los cuerpos.
Esto, como ya se señaló, por una doble razón:

a) primera razón: la caída de los cuerpos es en la dirección vertical que es radial, aspecto nunca considerado por Albert;
b) segundo motivo: la caída de cada cuerpo ocurre con una aceleración que es diferente para las diferentes masas, para la no vigencia del principio de Galileo.

De esta manera, el supuesto para la inexistencia de la teoría general de la relatividad, como también lo informó Fabio en su libro en pág. 115 (o de Albert en sus libros), «Sin embargo, Einstein nos advierte: si hubiera un solo objeto cayendo en el campo gravitacional de manera diferente a todos los demás, entonces, gracias a él, un observador podría darse cuenta de que está en un campo gravitacional y de que cae en él» ¡Ha ocurrido! Albert, como se puede ver al leer lo que escribió en su libro (véase pág. 231), que a continuación se informa: «Los fantasmas "movimiento absoluto" y "SC (sistema de coordenadas) inercial absoluto" pueden ser expulsados por la física. La construcción de una nueva física relativista se hace posible» creo que se ha comportado de una manera que no es adecuada para sus predecesores, especialmente para Newton.

El tercer principio de la dinámica, como hemos visto, se ha mantenido sin cambios.

Pero no lo aplicaremos a él. Y lo saludamos.

Hola Albert, y también te agradecemos por lo que hiciste antes para la física.

Consideraciones y mis reflexiones.

Albert con su teoría quería alcanzar dos objetivos:

a) primer propósito: no tener Sistemas de referencias privilegiadas, aquellos inerciales;
b) segundo propósito: tener una física relativista.

El logro de estos objetivos lo ha alejado de cualquier observación elemental.

Pensó que podía eliminar una prerrogativa de la materia, la de la atracción gravitacional.

Pero, en cambio, ¿cómo podría no haber notado la evidencia de los hechos?

a) *Primer hecho*: no hay Sistemas de referencias privilegiadas, porque todos no son inerciales.
b) *Segundo hecho*: el espacio-tiempo "ordinario" ya es relativista y de cuatro dimensiones.

Capítulo VIII
La forma de los cuerpos sólidos

8.1 Para la teoría de la relatividad general de Albert Einstein

En esta sección, quiero analizar los efectos inerciales y gravitacionales que se originan en los cuerpos "sólidos", refiriéndose a su forma, compuestos de la misma cantidad de materia (misma masa) pero de diferentes sustancias (por ejemplo: solo platino y solo madera). Evaluaré las consecuencias, con particular referencia a las de la teoría de la relatividad general de Albert Einstein.

Los cuerpos tendrán la misma forma, por lo que son sólidos similares.

Considero una cierta cantidad de kg masa de platino de forma esférica de radio R_p.

Considero la misma cantidad de kg masa de madera, siempre de forma esférica de radio R_1.

Por ser la densidad del platino (d_p = 21450 kg/m^3) mayor que la densidad de la madera (d_l = 800 kg/m^3): $d_p > d_l$, entonces el volumen de la esfera de platino (V_p) será menor que el de la esfera de madera (V_l): $V_p < V_l$ y, de consecuencia, también el radio de la esfera de platino (R_p) será más pequeño que el de la esfera de madera (R_l): $R_p < R_l$.

Realizo el pesaje la esfera de platino y de la esfera de madera con una báscula colocada en la superficie terrestre.

Recordemos, siempre, en un laboratorio en ausencia de aire; esta vez también para cancelar los efectos ascendentes del empuje de Arquímedes.

La esfera de platino pesará más que la esfera de madera.

Esto se debe a que $R_p < R_l$, entonces la distancia del centro de masa de la esfera de platino (D_p) de la superficie terrestre (donde se coloca la báscula), entonces del centro de la tierra, es menor que la distancia del centro de masa de la esfera de madera (D_l) de la superficie terrestre, entonces del centro de la tierra. Por lo tanto, la fuerza de atracción gravitacional a la que está sujeta la esfera de platino (peso de la esfera de platino) es mayor que la fuerza de atracción gravitacional a la que está sujeta la esfera de madera (peso de la esfera de madera); conclusión:

Peso esfera platino > Peso esfera madera.

Esta peculiaridad de tener diferentes pesos para cuerpos hechos de diferentes sustancias, incluso si tienen la misma masa, pero consisten en formas sólidas similares, no ocurre si los cuerpos están hechos de diferentes formas sólidas, sino de manera de poder tener la misma distancia de su centro de masa del cuerpo de la superficie terrestre.

En el caso de un solo cuerpo, hecho de forma esférica o de forma de un poliedro regular, o de forma de un cilindro equilátero (diámetro del círculo base igual a la altura), su peso no cambia con el mutar de la superficie de apoyo (para el poliedro regular y para el cilindro equilátero) o del punto de contacto (para la esfera) o de la altura de contacto (para el cilindro equilátero), porque cambiando la posición no cambia la distancia de su centro de masa desde la superficie terrestre.

Siempre en el caso de un solo cuerpo, pero no hecho ni de forma esférica, ni de forma de poliedro regular ni de forma de cilindro equilátero (diámetro del círculo de base igual a la altura), considero, por ejemplo, un paralelepípedo de platino, en cambio, su peso varía con el cambio de la postura de apoyo, porque cuando la posición cambia la distancia de su centro de masa desde la superficie terrestre, entonces del centro de la tierra.

Finalmente, considero que la misma cantidad de masa de la misma sustancia (por ejemplo, platino) que constituyentes tres cuerpos de diferentes formas, para no tener la misma distancia de su centro de masa del cuerpo desde la superficie terrestre: el primero de forma esférica, el segundo de forma de cilindro equilátero y el tercero de forma cúbica.

Esta distancia del centro de masa, considerando por simplicidad una cantidad de masa tal que la relación entre masa y densidad es 1 (por lo tanto, volumen unitario: M/d=V=1), se aplica:

a) para la esfera ($V = 4 \times 3,14 \, r^3 / 3 = 1$):
$r = (3/(4 \times 3,14))^{1/3} = 0,62$;
$D_s = r = 0,62$;

b) para el cilindro equilátero ($V = 3,14 \, d^3 /4 = 1$):
$d = (4/3,14)^{1/3} = 1,08$ $r = d/2 = 1,08/2 = 0,54$;
$D_{cil} = r = 0,54$;

c) para el cubo ($V = l^3 = 1$):
$l = 1^{1/3} = 1$ $l/2 = 1/2 = 0,5$;
$D_c = l/2 = 0,5$.

Resulta que:

$$D_c < D_{cil} < D_s.$$

Por lo tanto:

Peso cubo > Peso cilindro > Peso esfera.

Este efecto continúa siendo cada vez más acentuado, cada vez más, para placas, para las láminas, para las membranas y para las películas.
Además, este efecto aumenta al disminuir la densidad del cuerpo considerado.

En conclusión, aunque en presencia de la misma cantidad de masa, los efectos gravitacionales en los cuerpos varían si:
a) para diferentes sustancias (ejemplo: el platino y la madera mantengo fija su forma (sólidos similares);
b) no tienen una forma regular (ni forma esférica, ni forma de poliedro regular ni forma de cilindro equilátero);
c) para la misma sustancia, la forma es tal que varía la distancia del centro de masa desde la superficie terrestre.

Esta variación se acentúa cada vez más que aumente la masa de los cuerpos considerados.

Los efectos gravitacionales en los cuerpos están influenciados por su forma.

Todos los cuerpos, compuestos de la misma cantidad de masa, independientemente de su forma, si sujetos a la misma fuerza, adquieren la misma aceleración.

Los efectos inerciales en los cuerpos, por lo tanto, no están influenciados por su forma.

Analizo, ahora, el segundo experimento mental de Albert (viaje de la nave espacial para alcanzar un área del espacio remoto del universo); reitero todas las observaciones hechas anteriormente en la quinta parte.

Ahora en la nave espacial también he traído dos bolas, una de platino y otra de madera, con la misma masa; dos paralelepípedos de platino que tienen la misma masa (para una conveniencia diferente de la de las dos esferas) y las mismas dimensiones, pero dispuestos, por ejemplo, uno ortogonal al otro, o en cualquier otra dirección entre ellos, que no sea paralela; así como tres cuerpos de platino de la misma masa (esta masa, de nuevo por conveniencia, diferente de la de las dos esferas de platino y madera y de la de los dos paralelepípedos), el primero con forma esférica, el segundo con forma cilíndrica equilátera y el tercero de forma cúbica.

Cuando la nave espacial comienza con la aceleración constante g, desde el primer momento (cuando el piso de la nave espacial toca los cuerpos), durante el tiempo en que la nave espacial acelera con la constante g, no hay equivalencia entre los efectos inerciales y gravitacionales. De hecho, todos los cuerpos ahora, para tener la misma masa (el torque de las dos esferas, los dos paralelepípedos, la terna que consta de la esfera, el cilindro equilátero y el cubo) para el efecto inercial de la aceleración g, muestran el mismo peso (F_a = fuerza aparente):

$$P_{esferas} = F_a = m_{esferas}\, g;$$

$$P_{paralelepípedos} = F_a = m_{paralelepípedos}\, g;$$

$$P_{esfera} = P_{cilindro\ equilátero} = P_{cubo} = F_a = m_{esfera}\, g = m_{cilindro\ equilátero}\, g = m_{cubo}\, g.$$

Contrariamente al efecto gravitacional que, como se mostró anteriormente, implica para los cuerpos de la misma masa (las dos esferas, una de platino y la otra de madera, con la misma masa; los dos paralelepípedos de platino que tienen la misma masa y mismas dimensiones, pero dispuestos uno ortogonal al otro; así como los tres cuerpos de platino de la misma masa, el primero de forma esférica, el segundo de forma de cilindro equilátero y el tercero de forma cúbica) que tienen diferentes pesos.

Por lo tanto, el observador interno, notando que los cuerpos descritos antes (las dos esferas, una de platino y otra de madera, con la misma masa; los dos paralelepípedos de platino con la misma masa y las mismas dimensiones, pero dispuestos uno ortogonal al otro; así como los tres cuerpos de platino de la misma masa, el primero de forma esférica, el segundo de forma de cilindro equilátero y el tercero de forma cúbica), todos muestran el mismo peso ($P_{esferas}$; $P_{paralelepípedos}$; P_{esfera}, $P_{cilindro\ equilátero}$, P_{cubo}), concluye que el sistema de la nave espacial

(con todos los cuerpos a su interior) no está en ningún campo gravitacional, sino que está acelerando.
No hay equivalencia entre el movimiento uniformemente acelerado y el campo gravitacional.
La gravedad no es una entidad relativa.
La gravedad es una entidad absoluta.
¿Son estas observaciones adicionales sobre la teoría de la relatividad general de Albert Einstein, una vez más, suficientes para refutarla?

8.2 Para el principio de Galileo Galilei

En esta sección, como en la precedente sección B.1, quiero analizar los efectos inerciales y gravitacionales que dan origen en los cuerpos "sólidos", con referencia a su forma, hechos por la misma cantidad de materia (misma masa) pero de sustancia diferentes (por ejemplo: solo platino y solo madera).

Ahora, evaluaré las consecuencias, con referencia al *Principio de Galileo Galilei sobre la caída libre de los cuerpos* (instante inicial) hasta la conclusión de dicha caída libre en la superficie terrestre.

El estudio que ejecuté en el precedente Cap. 6, con referencia al *Principio de Galileo Galilei sobre la caída libre de los cuerpos* «Los cuerpos, independientemente de la presencia del aire (en visión aproximada), no están sujetos a la misma aceleración de gravedad, sino más es masivo el cuerpo menor es tal aceleración», tratando sólo el instante inicial de este fenómeno, no es influenciado por el análisis de esta sección.

El estudio de esta seccIón se refiere al caso particular de cuerpos con la misma masa, con sustancia diferentes (por ejemplo: solo platino y solo madera), hechos de forma esférica, o de forma de poliedro regular, o de forma de cilindro equilátero.

Este estudio también se refiere al caso particular de cuerpos con misma masa y misma sustancia, las cuales formas no son ni esférica, ni la poliédrica regular y ni la de cilindro equilátero, sino de cualquier otra forma, por ejemplo, la de dos paralelepípedos colocados de manera ortogonal entre ellos.

A continuación, de manera sintética, ejecutaré el estudio solo para dos cuerpos con misma masa y de sustancias diferentes (por ejemplo: solo platino y solo madera) y hechos de forma esférica.

La caída libre de las dos esferas inicia cuando están privadas de vínculos; termina cuando tocan la superficie terrestre.

Por lo tanto, cuatro son las magnitudes que se observan para los dos cuerpos:

1) distancia del centro de masa del cuerpo de la superficie terrestre;
2) altura de caída del cuerpo;
3) *velocidad final de caída del cuerpo*;
4) tiempo de caída del cuerpo.

Para la esfera de platino (radio esfera r_p)

1) distancia del centro de masa = D_p;
2) altura de caída = $h_{cp} = D_p - r_p$;
3) *velocidad final* = V_p;
4) *tiempo de caída* = t_p.

Para la esfera de madera (radio esfera r_l)

1) distancia del centro de masa = D_l;
2) altura de caída = $h_{cl} = D_l - r_l$;
3) *velocidad final* = V_l;
4) *tiempo de caída* = t_l.

Observo que para ser $r_p < r_l$ resulta: $h_{cp} > h_{cl}$.

En el instante inicial, las dos esferas que tienen la misma masa, la misma distancia del centro de la tierra, están sujetas a la misma aceleración de gravedad: tienen el mismo peso inicial.

Instante en instante, durante la caída libre, las dos esferas, en el mismo tramo de caída, tienen el mismo aumento de aceleración de gravedad y la misma velocidad instantánea: tienen el mismo peso instantáneo. Después del tiempo t_l, la esfera de madera, habiendo tocado la superficie terrestre, cesa su caída libre alcanzando la velocidad final V_l.

La esfera de platino, en cambio, continuará su caída hasta el tiempo sucesivo t_p ($t_p > t_l$), alcanzando su velocidad final V_p ($V_p > V_l$).

Por lo tanto, dos cuerpos con la misma masa, pero constituidos por sustancias diferentes, de forma esférica, puestos a la misma distancia del centro de la superficie terrestre, a pesar de estar sujetos a la misma aceleración de gravedad, tienen valores diferentes para las tres magnitudes restantes (altura de caída, velocidad final, tiempo de caída) que definen el fenómeno de la caída libre estudiado por Galileo Galilei.

Esta diferencia de los valores característicos de las magnitudes del fenómeno de la caída libre de los cuerpos es aún más acentuada en el caso particular que la esfera de platino, en el instante inicial, esté colocada con su centro de masa a una distancia de la superficie terrestre al igual del radio de la esfera de madera (r_l).

En estas condiciones la esfera de madera, siendo colocada en la superficie terrestre, no está sujeta a ninguna caída libre ($h_{cl} = 0$): esta tendrá un cierto peso.

La esfera de platino libre, la cual altura de caída vale:

$$h_{cp} = rl - r_p.$$

Al terminar de la caída la esfera de platino tendrá su peso final que es mayor de lo de la esfera de madera.

Empezamos con el *Principio de Galileo Galilei sobre la caída libre de los cuerpos* en la versión ahora superada: «Todos los cuerpos, en la tierra, independientemente de la presencia del aire, están sujetos a la misma aceleración de gravedad»; para llegar a la presente conclusión (en visión aproximada), que llamo "principio de galileo galilei generalizado": «Están sujetos a la misma aceleración de gravedad, con la igualdad de todas las magnitudes necesarias a describir el fenómeno de la caída libre de los cuerpos en la tierra, solo esos cuerpos de la misma sustancia (misma densidad) con la misma masa y la misma forma».

El estudio del fenómeno de la caída libre en su globalidad implica, de manera análoga, una profundización para el equilibrio de la energía potencial y cinética.

Por ejemplo, para las dos esferas de platino y de madera con la misma masa, colocadas en la superficie terrestre.

Para las dos esferas el trabajo necesario para llevarlas a la misma energía potencial (misma distancia de su centro de masa de la superficie terrestre) no es el mismo (lo de la esfera de platino es mayor por ser: $h_{cp} > h_{cl}$).

Se observa el principio de conservación de la energía.

8.3. Para la medición de la masa de los cuerpos

En esta sección quiero analizar las consecuencias de las mediciones de la masa de los cuerpos, con referencia a su forma, siempre con las mismas características descritas en la precedente sección B.1: cuerpos no constituidos ni de forma esférica, ni de forma de poliedro y ni de forma de cilindro equilátero.

Llevo a cabo las mediciones con una báscula de alta sensibilidad colocada en la superficie terrestre.

Recordemos, siempre, en un laboratorio en ausencia de aire; esta vez siempre para cancelar también los efectos ascendentes del empuje de Arquímedes.

Como se muestra en los textos de física vigentes, con la báscula de brazos iguales, con la báscula analógica y con la báscula digital se mide la masa de los cuerpos.

En el Sistema Internacional, la unidad de medida de la magnitud fundamental masa es el kilogramo que, por definición, es la masa de la muestra de cilindro equilátero (con d = h = 3,9 cm) de platino-iridio conservado en la Oficina Internacional de los Pesos y Medidas de Sevres en París.

¿Ha sido elegida una de las tres formas particulares (esfera, poliedro regular, cilindro equilátero) de cuerpos sólidos, cilindro equilátero, precisamente porque la distancia de su centro de masa desde la superficie de medición no cambia con la variación de la postura de apoyo?

Con las mediciones realizadas en cuerpos, cuyas formas no son ni la esférica ni la poliédrica regular ni la del cilindro equilátero, las mediciones realizadas dan valores diferentes.

Como vimos en la sección B.1, al cambiar la postura de apoyo, varía el peso del cuerpo.

La masa del cuerpo no puede variar.

Estas diferentes medidas resaltan simultáneamente dos errores:

1) se piensa en medir la masa (que no debe variar), sin embargo, se mide el peso (que debe variar);
2) se ejecuta una medida que tiene en sí un error sistemático, aquello de no haber considerado la influencia de la postura de apoyo.

Las medidas llevadas a cabo por la Ciencia, para muchos usos diferentes, ¿están cargadas con estos errores?

Estas consideraciones, relacionadas con el alcance del empuje de Arquímedes (SA) que nace para los cuerpos sumergidos (P=peso cuerpo), resaltan el hecho que es correcto comparar SA con P:

SA > P cuerpo flota;
SA = P cuerpo en equilibrio;
SA < P cuerpo se hunde.

No es correcto, en cambio, comparar la densidad del fluido (D_f) con la densidad del cuerpo (D_c):

D_f > D_c cuerpo flota;
D_f = D_c cuerpo en equilibrio;
D_f > D_c cuerpo se hunde.

Esto se debe a que si el cuerpo no tiene una de las tres formas "regulares" (esfera, poliedro regular, cilindro equilátero), ya que la posición del cuerpo sumergido varía, el peso del cuerpo varía, mientras que el volumen del líquido desplazado es igual al del cuerpo sumergido, y, por lo tanto, el valor del empuje no varía (por simplicidad se piense en el paralelepípedo en una posición horizontal y vertical).

N.B. *Para completar, ahora que vean los sucesivos estudios publicados en mi 2° libro "Arquímedes".*

No me corresponde construir una báscula de precisión para medir la masa de cuerpos sólidos, sea cual sea su forma.
  Si los propósitos lo requieren, para realizar mediciones de alta precisión de la masa de cuerpos sólidos, pensaría en una medida indirecta de la masa obtenida de la relación entre el peso del cuerpo y la aceleración de gravedad (peso y aceleración), ambas medidas con un instrumento particular, cuyo prototipo podría estar constituido en las líneas esenciales por:

1) báscula de alta precisión para la medida del peso;

2) sensor GPS que pueda proporcionar también la aceleración de gravedad local terrestre, con la relativa altura instrumental;
3) instrumentación idónea capaz de medir la distancia del centro de masa del cuerpo desde el plano de pesaje;
4) lector digital de la medida indirecta de la masa:

$$m = \frac{P}{g}.$$

Además, cuando se usa la báscula hidrostática para determinar la densidad de los cuerpos, cabe precisar que es necesario realizar una muestra del cuerpo en una de las formas "regulares" (esfera, poliedro regular, cilindro equilátero).

Conclusiones

La validez del *Principio de Galileo Galilei sobre la caída libre de los cuerpos* (en ausencia de aire, todos los cuerpos están sujetos a la misma aceleración de gravedad), se basaba en la equivalencia entre masa inercial y masa gravitacional.

La teoría de la relatividad general de Albert Einstein tenía como presupuesto la validez del principio de Galileo Galilei.

Los físicos, desde casi 300 años, a partir de Newton (con precisión 1×10^{-3}) hasta hoy (experiencia del físico Loránd Eötvös, con base a la cual originariamente se obtuvo una precisión de 5×10^{-9} y sucesivamente mejorada de 3×10^{-14}; sin considerar los preparativos de la NASA para alcanzar la precisión de 1×10^{-18}), ha llevado a cabo sus experimentos para acertar con una precisión siempre creciente la igualdad numérica de las dos masas (inercial y gravitacional).

Albert, como en su estilo, ha transformado esta identidad en un dogma físico.

En el curso de este trabajo, siempre sin tener en cuenta las medidas seculares de los físicos para verificar la identidad entre la masa inercial y la masa gravitacional, he refutado la teoría de la relatividad de Albert tres veces:
a) efecto radial de la caída vertical de los cuerpos;
b) no validez del principio de Galileo Galilei sobre la caída de los cuerpos:
   - primera modalidad: las dos masas por separado;
   - segunda modalidad: las dos masas de forma simultánea (mutua acción recíproca);
c) La influencia de la forma de los cuerpos sólidos que determinó el carácter absoluto de la atracción gravitacional por la no equivalencia entre el

movimiento uniformemente acelerado y el campo gravitacional. A continuación (véase ANEXO C) también informé los estudios donde se muestran las relativas incidencias, cuyas entidades son muy superiores a la precisión de 3×10^{-14} alcanzada por los físicos para la identidad entre masa inercial y masa gravitacional, cuyas medidas deberían revisarse a la luz de mis observaciones:

a) Detracción de las masas de prueba desde la masa de la tierra;
b) *efecto de la mutua atracción recíproca;*
c) la influencia de la forma de los cuerpos sólidos.

Esto es mi aporte.
Espléndida "mayéutica".

Diálogos

Maestro, Maestro.
¿Qué pasa Loránd?
¿Supo de las reflexiones de ese emérito Odiseo?
¡Lo se y lo veo!
Mi equipo y yo, en cien años, cuánto esfuerzo por mostrar la identidad entre la masa inercial y gravitacional. La NASA también continúa trabajando para lograr una precisión aún mayor. Esto se debe a que Isaac en la materia ha identificado dos aspectos, inercial y gravitacional y, incluso Ernst, distingue la masa gravitacional en activo y pasivo. Todo esto para apoyar la identidad de los diversos aspectos de la masa, para asegurar la valldez del principio de Galileo y permitir que Albert desarrolle su teoría.
¿Bueno, Loránd?
¿Pero como Maestro? ¿Como es posible que Odiseo, solo con la mayéutica, Arte de Usted, antes muestra la no validez del principio de Galileo y luego, con el estudio de la forma de los cuerpos sólidos, ¿hace el resto?

Loránd, ¿qué quieras que te diga?
Maestro, Maestro.
¿Qué pasa Aristóteles?
Durante siglos se ha entendido lo que nunca he dicho. Ya sabía que era suficiente cambiar la forma de los cuerpos ligeros para hacerlos caer, aproximadamente, como los pesados. Aprecio la reflexión.
Maestro, Maestro.
¿Qué pasa Isaac? ¡Deje de llamarme maestro!
Nada. Dejémoslo. Me uno. Aprecio la reflexión. ¿Y tú Galileo? ... Me uno.
Sócrates, Sócrates.
¿Bien Arquímedes, que pasa?
Por fin mi principio vuelve a los orígenes. ¿Pero por qué Odiseo no aclara todo?
No depende de Odiseo revelar...A otros la obligación.
Sócrates: ¿Quién es Odiseo?
Odiseo es aquel que con su investigación crece y embellece su persona también para los demás.

Epílogo

La singularidad del pensamiento de Albert Einstein está resuelta.

Los conocimientos de la Física vuelven a ser al alcance de todos.

La filosofía, en sus aspectos gnósticos, morales, teológicos y metafísicos, se reapropia de sus prerrogativas.

Átomo = indivisible

Conclusión moderna = los antiguos se han equivocado.

Átomo = no lo dividas.

Los sabios que sabían y veían dieron un imperativo que quedó inaudito.

Para Gandhi la resolución de los problemas no era el fin sino el medio para poder mejorar los hombres.

En la conciencia, tendemos a mejorar a nosotros mismos y nos hacemos libres para controlar el desorden.

Anexo A

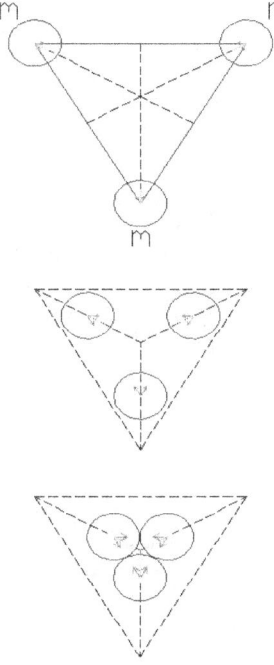

Figura A.1.

Anexo B

Cálculo de la fuerza de atracción gravitacional y de la consecuente aceleración de gravedad para las dos masas de prueba m_{p1} y m_{p2}.
Supongamos que $m_{p1} > m_{p2}$.
En la sexta parte se ha llevado a cabo el cálculo con referencia a la primera modalidad, considerando las dos masas de prueba por separado.
Ahora se lleva a cabo por total el cálculo con referencia a la segunda modalidad, considerando contemporáneamente las dos masas de prueba.

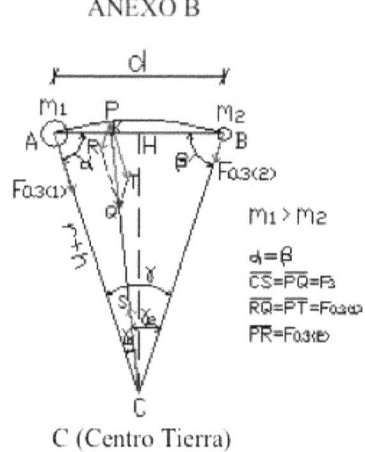

C (Centro Tierra)

Figura B.1.

Segunda modalidad: las dos masas de forma simultánea

Los cálculos relativos, que ya están en el dominio público (que han sido transmitidos al Instituto Nacional de Física Nuclear en Roma) se pueden encontrar en mi sitio web: www.armeniasanto. En este sitio se informan todos los experimentos realizados.

Anexo C

Efecto radial de la caída vertical

De la precedente Fig. B1 del anexo B (triángulo isósceles ABC) cálculo:

a)
$$\sin(\wp/2) = \frac{AB/2}{r+h}$$

b) la nueva distancia AB (A'B') al final de la caída;
c) la relación AB / A'B'.

En la Tabla C.1 reportada es evidente que el valor de esta relación no varía al cambiar de la distancia AB; esto varía, en cambio, proporcionalmente al variar de la altura de caída: descuidando en esta sede el efecto forma.

Efecto deducción masa cuerpo de prueba

El efecto de la deducción de la masa del cuerpo de prueba se siente para los cuerpos que tienen una masa superior a $1{,}5 \times 10^9$ kg.

Véase el siguiente cálculo de comparación, con precisión 1×10^{-14}, ejecutado con altura de la superficie terrestre de 100 metros:

$g = 9{,}80800239864632$ ($m_p = 10^9 kg$)
$g = 9{,}80800239864631$ ($m_p = 1{,}5 \times 10^9 kg$).

En el caso de precisión 1×10^{-18} (precisión que la NASA está tratando de alcanzar), el efecto de la deducción de la masa del cuerpo de prueba se siente para los cuerpos que tienen una masa superior a $7{,}0 \times 10^5$ kg.

Véase el siguiente cálculo de comparación, ejecutado con altura de la superficie terrestre de 100 metros:

$g = 9,808002398646321671$ ($m_p = 6,5x10^5 kg$)
$g = 9,808002398646321670$ ($m_p = 7,0x10^5 kg$).

Efecto de la mutua atracción recíproca

El efecto de la mutua atracción recíproca es tal que también para pequeños ángulos ($g < 0,00003$ in rad), los valores del torque $f_1(t)$ y $f_2(t)$, a pesar de ser igual entre sí, son valores crecientes al disminuir del parámetro t (inversamente proporcional).

Esto confirma que disminuir del valor total del torque de las dos masas ($m_{p1} + m_{p2}$), el valor correspondiente de su aceleración aumenta: en los pares de masas menores corresponden aceleraciones mayores.

Efectos de la forma de los cuerpos sólidos

Caso a: paralelepípedo (platino; madera)

Consideré un paralelepípedo con base cuadrada de lado "a" y la altura n veces el lado "a" (h= n x a), en las dos posiciones posibles.
 Por lo tanto, la distancia del centro de masa de la superficie de la tierra es:

a/2 e n x a/2.

Calculé la relación de las aceleraciones de gravedad en las dos posiciones (E), con R_t radio tierra, parámetro que resalta la variación del peso al variar de la posición:

$$E = \frac{g_2}{g_1} = \frac{(R_t + n \times a/2)^2}{(R_t + a/2)^2}$$

El estudio se realizó para n = 2; 5; 10.
En las Tablas C.2 y C.3 se muestran cómo la influencia también está presente para a = 1×10^{-8} ml que son las dimensiones de partículas microscópicas.

Caso b: esfera (platino; madera)

En este caso comparé dos cuerpos de igual masa y de forma esférica.
La esfera de platino tendrá el radio menor que la esfera de madera:

$$R_p < R_l$$

La distancia del centro de masa desde la superficie terrestre de las dos esferas vale:

a) esfera platino R_p;
b) esfera madera R_l.

Calculé la relación de las aceleraciones de gravedad para las dos esferas (E), con R_t radio tierra, parámetro que resalta la variación del peso al variar del radio de las dos esferas:

$$E = \frac{g_2}{g_1} = \frac{(R_t + R_l)^2}{(R_t + R_p)^2}$$

El estudio se realizó para valores de masa variables que van desde 1×10^9 kg a 1×10^{-21} kg.
En la Tabla C.4 se muestra cómo la influencia también está presente en las dimensiones de partículas microscópicas.

Caso c: cubo (platino; madera)

En este caso he comparado dos cuerpos de igual masa y de forma cúbica. El cubo de platino tendrá el lado menor del cubo de madera:

$$a_p < a_l.$$

La distancia del centro de masa de la superficie terrestre de los dos cubos vale:

a) cubo platino $a_p/2$;
b) cubo madera $a_l/2$.

Calculé la relación de las aceleraciones de gravedad para los dos cubos (E), con R_t radio tierra, parámetro que evidencia la variación del peso al variar del lado de los dos cubos:

$$E = \frac{g_2}{g_1} = \frac{(R_t + a_l/2)^2}{(R_t + a_p/2)^2}$$

El estudio se llevó a cabo para valores de masa variables de 1×10^9 kg a 1×10^{-21} kg.
En la Tabla C.5 se muestra como la influencia también está presente para las dimensiones de partículas microscópicas.

Caso d: cilindro equilátero (platino; madera)

En este caso comparé dos cuerpos de masa igual y de forma de cilindro equilátero.
El cilindro equilátero de platino tendrá el diámetro menor que el cilindro equilátero de madera:

$$d_p < d_l.$$

La distancia del centro de masa de la superficie terrestre de los dos cilindros equiláteros vale:

a) cilindro equilátero platino $d_p/2$;
b) cilindro equilátero madera $d_l/2$.

Calculé la relación de las aceleraciones de gravedad para los dos cilindros equiláteros (E), con R_t radio tierra, parámetro que evidencia la variación del peso al variar del diámetro de los dos cilindros equiláteros:

$$E = \frac{g_2}{g_1} = \frac{(R_t + d_l/2)^2}{(R_t + d_p/2)^2}$$

El estudio se llevó a cabo para valores de masa variable de 1×10^9 kg a 1×10^{-21} kg.
En la Tabla C.6 se muestra como la influencia también está presente para las dimensiones de partículas microscópicas.

Casa e: sustancia y forma

En este caso comparé, para una sola sustancia (antes solo platino, luego solo madera), de dos en dos las formas regulares.
Los cálculos son los que se realizaron antes, mostrados en las Tablas C.7, C.8 y C.9.

Caso f: el cuerpo con sí mismo

Considerando los dos tipos de materias (platino y madera), se compararon todos los casos (paralelepípedo, esfera, cilindro equilátero, cubo) en relación con d=0 y con el efectivo d (d≠0).
La relativa variación (error) se evalúa como relación entre las dos aceleraciones consecuentes.

$$E = \frac{(R_t + d_1)^2}{R_t^2}$$

Esto es el caso general por el cual el peso analítico que se calcula, considerando nulo el valor de la distancia del centro de masa del cuerpo considerado, implica el máximo del error.

Este error es mayor en esos cuerpos que tienen:
a) con igual masa, densidad menor;
b) con igual masa, forma que determina un "dc" mayor;
c) con diferente masa, al aumentar de la masa misma.

Resalto que los cálculos relativos, que ya están en el dominio público (que han sido transmitidos al Instituto Nacional de Física Nuclear en Roma) se pueden encontrar en mi sitio web: www.armeniasanto. En este sitio se informan todos los experimentos realizados.

¿Qué buscaba Isaac en la materia?

Isaac estaba convencido que diferentes materias se comportaran diferentemente comparado a la inercia y a la gravedad: inútil sucesión de los estudios.

Albert, como último, pudo desarrollar su dogmática teoría de la relatividad especial y general.

Yo no sé si el estudio de la forma de los cuerpos sólidos es la respuesta que Isaac buscaba.
Se y veo que tal estudio modifica toda la Física.
Se y veo que tal estudio, con un enfoque nuevo, ayuda a la renacida de la Filosofía Natural.

Agradecimientos

Gracias a Salvatore Colombo con quien, no casualmente, empecé mi evolución.

Gracias a mi sobrino Mauro Scala que fue el puerto de referencia y seguridad para mi trabajo.

Gracias a mi hijo Pietro que elaboró los dibujos.

Un agradecimiento especial a Fabio Toscano por su claridad de exposición (que no encontré en los originales de Einstein): las condiciones para las reflexiones sobre la teoría de la relatividad general se deben a esto.

Gracias a Carmelo Vindigni

www.ingramcontent.com/pod-product-compliance
Lightning Source LLC
Chambersburg PA
CBHW050020230526
45470CB00003B/1053